AF596962

Travaux de la Sociéte des Sciences naturelles
de Saône-et-Loire.

MÉLANGES D'ORNITHOLOGIE

INTRODUCTION. — MÉMOIRE AYANT POUR OBJET UNE LOI INTERNATIONALE PROTECTRICE DES OISEAUX. — LA RÉPARTITION DES OISEAUX A LA SURFACE DU GLOBE. — DES STATIONS NATIONALES ORNITHOLOGIQUES ET L'ENSEIGNEMENT ORNITHOLOGIQUE DANS LES ÉCOLES PRIMAIRES. — APPENDICE. — PIÈCES JUSTIFICATIVES.

PAR

M. F. LESCUYER

Membre titulaire de l'Institut des provinces et du Congrès scientifique de France; de la Société zoologique de France; de la Société centrale d'apiculture et d'insectologie générale de France; de la Société d'acclimatation de Paris; de la Société protectrice des animaux, de Paris; du Comice départemental de la Marne; de la Société des lettres, des sciences, des arts et de l'agriculture de Saint-Dizier (Haute-Marne).

Membre correspondant de l'Académie de Stanislas de Nancy; de l'Académie de Reims; de l'Académie de Dijon; de la Société académique d'agriculture, des sciences, arts et belles lettres du département de l'Aube; de la Société d'agriculture, commerce, sciences et arts de la Marne; de la Société des sciences et arts de Vitry-le-François; de la Société historique et archéologiste de Langres; de la Société des lettres, sciences et arts de Bar-le-Duc; de la Société d'émulation des Vosges; de la Société linnéenne de Maine-et-Loire; de la Société linnéenne de Bordeaux; de la Société d'histoire naturelle de Saône-et-Loire.

Lauréat du Concours des sociétés savantes de la Sorbonne; de l'Institut des provinces et du Congrès scientifique de la France; de l'Académie de Reims, de la Société centrale d'agriculture; de la Société d'acclimatation de Paris; de la Société centrale d'apiculture et d'insectologie de France; de la Société protectrice des animaux de Paris 1873, 1875, 1876, et 1883; de l'Exposition universelle de 1878; du Concours régional de Reims en 1875; du Comice départemental de la Marne en 1879; de la Société d'agriculture de l'arrondissement de Wassy (Hte-Marne 1879); et de l'Exposition régionale scolaire de Troyes 1883.

IMPRIMERIE DU FORT-CARRÉ
12, rue de Bar, 12, Saint-Dizier, (Hte-Marne)

1884

Travaux de la Société des Sciences naturelles de Saône-et-Loire.

MÉLANGES

D'ORNITHOLOGIE

INTRODUCTION. — MÉMOIRE AYANT POUR OBJET UNE LOI INTERNATIONALE PROTECTRICE DES OISEAUX. — LA RÉPARTITION DES OISEAUX A LA SURFACE DU GLOBE. — DES STATIONS NATIONALES ORNITHOLOGIQUES ET L'ENSEIGNEMENT ORNITHOLOGIQUE DANS LES ÉCOLES PRIMAIRES. — APPENDICE. — PIÈCES JUSTIFICATIVES.

PAR

M. F. LESCUYER

Membre titulaire de l'Institut des provinces et du Congrès scientifique de France; de la Société zoologique de France; de la Société centrale d'apiculture et d'insectologie générale de France; de la Société d'acclimatation de Paris; de la Société protectrice des animaux, de Paris; du Comice départemental de la Marne; de la Société des lettres, des sciences, des arts et de l'agriculture de Saint-Dizier (Haute-Marne).

Membre correspondant de l'Académie de Stanislas de Nancy; de l'Académie de Reims; de l'Académie de Dijon; de la Société académique d'agriculture, des sciences, arts et belles lettres du département de l'Aube; de la Société d'agriculture, commerce, sciences et arts de la Marne; de la Société des sciences et arts de Vitry-le-François; de la Société historique et archéologiste de Langres; de la Société des lettres, sciences et arts de Bar-le-Duc; de la Société d'émulation des Vosges; de la Société linnéenne de Maine-et-Loire; de la Société linnéenne de Bordeaux; de la Société d'histoire naturelle de Saône-et-Loire.

Lauréat du Concours des sociétés savantes de la Sorbonne; de l'Institut des provinces et du Congrès scientifique de la France; de l'Académie de Reims, de la Société centrale d'agriculture; de la Société d'acclimatation de Paris; de la Société centrale d'apiculture et d'insectologie de France; de la Société protectrice des animaux de Paris 1873, 1875, 1876, et 1883; de l'Exposition universelle de 1878; du Concours régional de Reims en 1875; du Comice départemental de la Marne en 1879; de la Société d'agriculture de l'arrondissement de Wassy (Hte-Marne 1879); et de l'Exposition régionale scolaire de Troyes 1883.

IMPRIMERIE DU FORT-CARRÉ

12, rue de Bar, 12, Saint-Dizier, (Hte-Marne).

1884

Travaux de la Sociéte des Sciences naturelles
de Saône-et-Loire.

MÉLANGES D'ORNITHOLOGIE

INTRODUCTION. — MÉMOIRE AYANT POUR OBJET UNE LOI INTERNATIONALE PROTECTRICE DES OISEAUX. — LA RÉPARTITION DES OISEAUX A LA SURFACE DU GLOBE. — DES STATIONS NATIONALES ORNITHOLOGIQUES ET L'ENSEIGNEMENT ORNITHOLOGIQUE DANS LES ÉCOLES PRIMAIRES. — APPENDICE. — PIÈCES JUSTIFICATIVES.

PAR

M. F. LESCUYER

Membre titulaire de l'Institut des provinces et du Congrès scientifique de France; de la Société zoologique de France; de la Société centrale d'apiculture et d'insectologie générale de France; de la Société d'acclimatation de Paris; de la Société protectrice des animaux, de Paris; du Comice départemental de la Marne; de la Société des lettres, des sciences, des arts et de l'agriculture de Saint-Dizier (Haute-Marne).

Membre correspondant de l'Académie de Stanislas de Nancy; de l'Académie de Reims; de l'Académie de Dijon; de la Société académique d'agriculture, des sciences, arts et belles lettres du département de l'Aube; de la Société d'agriculture, commerce, sciences et arts de la Marne; de la Société des sciences et arts de Vitry-le-François; de la Société historique et archéologiste de Langres; de la Société des lettres, sciences et arts de Bar-le-Duc; de la Société d'émulation des Vosges; de la Société linnéenne de Maine-et-Loire; de la Société linnéenne de Bordeaux; de la Société d'histoire naturelle de Saône-et-Loire.

Lauréat du Concours des sociétés savantes de la Sorbonne; de l'Institut des provinces et du Congrès scientifique de la France; de l'Académie de Reims, de la Société centrale d'agriculture; de la Société d'acclimatation de Paris; de la Société centrale d'apiculture et d'insectologie de France; de la Société protectrice des animaux de Paris 1873, 1875, 1876, et 1883; de l'Exposition universelle de 1878; du Concours régional de Reims en 1875; du Comice départemental de la Marne en 1879; de la Société d'agriculture de l'arrondissement de Wassy (Hte-Marne 1879); et de l'Exposition régionale scolaire de Troyes 1883.

IMPRIMERIE DU FORT-CARRÉ
12, rue de Bar, 12, Saint-Dizier, (Hte-Marne)

1884

EXTRAITS DES PUBLICATIONS DES CONGRÈS

Tenus à Châlon-sur-Saône

les 23 *Septembre* 1883 *et* 21 *Septembre* 1884.

TABLE DES MATIÈRES

Pages

I

INTRODUCTION 5

II

MÉMOIRES RELATIFS AUX QUESTIONS POSÉES AU CONGRÈS ORNITHOLOGIQUE DE VIENNE, LE 6 AVRIL 1884

1re Question. — Projet d'une loi internationale protectrice des oiseaux.

§ 1. Loi réglementaire de la chasse et protectrice des oiseaux. 12

§ 2. Enseignement élémentaire d'ornithologie comme complément de cette loi......... 15

§ 3. Vœu à présenter au Congrès.................. 16

2e Question. — Organisation d'un réseau de stations d'observations ornithologiques embrassant la totalité des régions habitées du globe.

§ 1. Forces de la production, éliminations végétales animales. — Répartition à la surface du globe des agents de l'élimination et particulièrement des oiseaux............... 17

§ 2. Etude comparative des éléments de production de pays très différents de sol et de climat. — La Vallée de la Marne et le Congo.......................... 22

pages

§ 3. Établissement de stations pour étudier la répartition des agents de l'élimination et particulièrement des oiseaux à la surface du globe

1° Stations locales des vallées, montagnes, bords de la mer, îles

2° Stations régionales auxquelles se rattachent les stations locales

3° Concordance des circonscriptions naturelles avec les circonscriptions nationales et administratives 29

§ 4. Travaux des stations 33

§ 5. Vœux à présenter au congrès et aux nations. 37

MÉMOIRES RELATIFS A L'ENSEIGNEMENT ORNITHOLOGIQUE DANS LES ÉCOLES PRIMAIRES.

§ 1. Supériorité de l'oiseau 38

§ 2. Importance de l'enseignement 42

III

APPENDICE 46

IV

PIÈCES JUSTIFICATIVES 47

INTRODUCTION

Dans les premiers mois de l'année 1876, j'ai eu l'honneur de recevoir d'un savant naturaliste Américain M. Brewer une lettre dans laquelle il me disait : Je suis venu en Europe pour y continuer mes recherches ornithologiques, je suis en ce moment en Italie et je serai dans une huitaine à Paris. J'ai lu vos ouvrages, je les ai trouvés très intéressants et pleins de sagesse. Votre excellent ouvrage sur l'architecture des nids est selon mon cœur (traduction littérale) et il a fait naître en moi le désir de faire pour les oiseaux d'Amérique, ce que vous avez fait pour les oiseaux de votre pays. Voulez-vous me permettre d'aller vous rendre visite, vous serrer la main et étudier vos collections.

Rendez-vous fut pris ; mais l'avant-veille de son départ pour St-Dizier, M. Brewer alla visiter la forêt de Fontainebleau. Il y fut pris d'une angine très grave, qui le força de retourner auprès de sa famille à Boston. Il recouvra la santé, et bientôt commença entre lui et moi une correspondance, qui en peu de temps devint affectueuse.

En Décembre 1878 M. Brewer m'envoya le 1er fascicule illustré de son ouvrage sur l'architecture des oiseaux en m'annonçant la suite pour une époque peu éloignée.

Hélas cet ouvrage devait rester inachevé ; son savant auteur décéda le 28 janvier 1880 laissant à ceux qui l'avaient connu de profonds regrets.

De différents points de l'Amérique j'ai également reçu avec un étonnement croissant des lettres du genre de celles que m'a écrites M. Brewer.

Un jour enfin j'ai trouvé l'explication de ces lettres si courtoises dans le journal *le Canadien* numéro du 28 décembre 1883, article signé de M. le Moine.

Les esprits, dit M. le Moine, se portent maintenant sur les Sciences Naturelles et principalement sur l'ornithologie.

Depuis une vingtaine d'années ce mouvement s'est de plus en plus accentué.

Il s'est formé une école nouvelle d'ornithologie discutée, élaborée, perfectionnée, celle des *field-naturalists*, tels qu'Allen, Brewster, Merian, Lawrence, Cassin, Ridgway, Coüs, Chambertin et autres. Voilà les hommes qui ont fait de larges trouées aux systèmes éloquemment exposés, mais surannés de l'ancienne école.

Parmi les maîtres de cette nouvelle école se trouve M. F. Lescuyer naturaliste français, *le père de la science de l'élimination des individus par d'autres.*

Assurément je me sens grandement honoré par une si flatteuse mention et je me plais à témoigner mon entière gratitude *au patriote* de 1837 à M. le Moine membre et ex-président de l'Académie royale du Canada, secrétaire général de la section ornithologique du Canada et du nouveau Brunswik, qui, au Canada devenu sa patrie adoptive, est resté français par le cœur et qui par ses éminents services a largement contribué à faire estimer et aimer la France dans ce pays lointain.

Mais mon but en reproduisant un extrait de l'article du *Canadien* était de constater qu'en Amérique depuis une vingtaine d'années les esprits se sont portés avec ardeur vers les sciences naturelles et surtout vers l'ornithologie.

On s'explique ainsi que l'Amérique ait eu l'honneur d'avoir convoqué le premier congrès universel d'ornithologie. Ce Congrès a eu lieu à New-York les 26 et 28 septembre 1883.

Les savants de l'Amérique du Nord s'y sont rendus avec empressement et ont déclaré fonder *l'union des ornithologistes américains.*

On a décidé entre autres choses que l'Amérique du Nord serait divisée en treize districts d'observations ornithologiques, que les observations seraient faites d'après les mêmes instructions et qu'on solliciterait le concours de tous les ornithologistes collectionneurs ou amateurs.

Depuis lors les services de cette association ont régulièrement fonctionnés et assurément il en résultera pour l'ornithologie de très précieux avantages et de rapides progrès.

Les instructions données aux collaborateurs de l'union seront certainement utiles aux ornithologistes de tous les pays et pour cette raison nous les reproduisons.

« Les documents à recueillir doivent se distinguer en trois classes :

1° **Phénomènes ornithologiques.** — Chaque observateur doit dresser la liste complète des oiseaux de son pays et indiquer à laquelle des catégories suivantes chaque espèce appartient. 1° résidants permanents ou qui restent régulièrement toute l'année, 2° visitants d'hiver ou qui apparaissent seulement en hiver et vont l'été vers le nord, 3° visitants transitoires qui apparaissent seulement pendant les migrations, au printemps et en automne, 4° visitants accidentels. Indiquer en outre l'abondance ou la rareté, si les mâles arrivent avant les femelles et combien d'avance ; bien distinguer les mouvements de la masse, de l'espèce, et ceux des avant-coureurs ou avant-gardes, pour cela indiquer 1° la première apparition de l'espèce, 2° l'arrivée de la masse, 3° le départ de la masse, 4° le dernier individu aperçu, enfin tous les autres détails utiles, par exemple l'état de l'oiseau (maigre ou gras), la mue, les périodes de chant, et l'époque d'appariement.

2° **Phénomènes météorologiques.** — 1° direction et force du vent, 2° direction et caractère des orages, 3° conditions générales de l'atmosphère, 4° changement subit de température.

3° **Phénomènes contemporains et correlatifs.** — 1° date de l'apparition des premiers crapauds, 2° date du 1er chant de la grenouille, 3° date du premier chant du crapaud d'arbre, 4° dates auxquelles certains mammifères ou reptiles commencent et cessent l'hivernation, 5° premières apparitions de certains insectes, 6° floraison de diverses plantes, 7° apparition et chute des feuilles des arbres, 8° dégel sur les lacs et rivières et gelée en automne».

Dans ces derniers temps également la question des oiseaux a été à l'ordre du jour en France. Les rapports au Sénat de MM. Bonjean en 1861, de la Sicotiére en 1877 et de Ducing en 1874 à l'assemblée législative, les vœux des comices agricoles resteront comme un éloquent témoignage de la tendance des esprits.

J'ai souvent dit et écrit que la France s'honorerait en prenant l'initiative d'un Congrès ornithologique.

M. Xavier Marmier de l'Académie française, le charmant auteur de la légende des plantes et des oiseaux, manifestait la même pensée le 10 octobre 1880 dans la *Revue Britannique.*

Mais l'honneur du premier Congrès ornithologique Européen était réservé à l'Autriche-Hongrie.

Depuis quelques années sous les auspices et l'impulsion du prince impérial archiduc d'Autriche les études ornithologiques y ont fait de grands progrès et on y a établi des stations ornithologiques pour observer les oiseaux.

Leurs travaux ont donné lieu à un premier volume qui contient les rapports de 46 observateurs. Le second volume donnera les rapports d'au moins 376 observateurs. Tous ont agi avec ensemble et d'après une circulaire du comité de direction, et dont les dispositions principales sont les suivantes :

1° relativement aux espèces d'oiseaux observés dans chaque station ornithologique, si chaque espèce augmente ou diminue ; leurs habitudes générales.

2° habitudes migratoires.

3° habitudes durant la saison des pontes.

Observations biologiques, par exemple pour les changements de plumes.

Comme on le voit l'Autriche était bien préparée pour le Congrès universel qu'elle a convoqué.

A cette occasion j'ai reçu des lettres très flatteuses ; mais pour des raisons très graves de santé je ne pouvais à aucun titre me rendre à Vienne j'ai voulu au moins répondre à cette invitation, en préparant pour le congrès deux Mémoires et deux grands tableaux.

Par suite de circonstances restées inexpliquées, ces documents me sont revenus sans avoir paru aux séances du Congrès.

Je suis loin de leur croire beaucoup d'importance ; mais les grains de sable servent à l'architecte pour construire un édifice ; souvent les savants se sont aidés, pour résoudre une question, d'une observation exacte et c'est un devoir du plus humble des chercheurs d'accourir à l'appel fait au nom de la science.

Par cette introduction, j'explique donc les deux Mémoires que j'avais composés pour le Congrès de Vienne et les pièces justificatives qui s'y rattachent.

La mention des deux grands tableaux et les Mémoires m'ont valu les félicitations du Conseil général de la Hte-Marne.

Se rattachent également au premier Mémoire une étude élémentaire de l'oiseau que j'ai publié l'année dernière et un mémoire sur l'enseignement primaire d'ornithologie, que le congrès de la Société d'Histoire Naturelle de Saône-et-Loire tenu le 24 septembre 1883 a publié et dont je donne une seconde édition.

Rendu impuissant par la maladie, je dois m'arrêter là; mais qu'il me soit permis en finissant de former un vœu, c'est que notre chère France ait l'honneur de suivre sans retard l'exemple donné par l'Amérique et l'Autriche et d'introduire dans les écoles l'enseignement ornithologique.

Quant à moi je me félicite d'avoir composé le premier catéchisme, ornithologique et d'avoir reçu au sujet de cette petite étude élémentaire des éloges de savants Français et Américains (1).

---

(1) Voir la Revue Ornithologist and Oologist a Pautucket R. I. Mars 1884.

MÉMOIRE RELATIF A LA PREMIÈRE DES QUESTIONS
posées au Congrès ornithologique de Vienne
le 6 avril 1884.

1re question. — Projet d'une loi internationale protectrice des oiseaux.

---

§ 1. LOI RÉGLEMENTAIRE DE LA CHASSE ET PROTECTRICE DES OISEAUX.

Chaque peuple a des lois et des institutions, dans lesquelles se reflète son génie et qui à bon droit imposent le respect; mais pour tous les peuples il y a des intérêts communs, qui ont donné lieu a des lois internationales.

Serait-il utile d'en établir pour la protection des oiseaux ?

L'Autriche a eu l'honneur de soumettre la première, cette question à un congrès universel d'ornithologie et tout porte à croire que la solution doit être affirmative.

Ainsi que nous l'avons exposé le 13 septembre dernier au congrès de Châlon-sur-Saône, l'oiseau est avant tout un régulateur d'éliminations, sans lesquelles les productions végétales et animales seraient détruites ou amoindries et, dans ce dernier cas, frappées d'une surélévation de prix très préjudiciable aux consommateurs; de plus presque toujours un seul et même oiseau pratique ses éliminations au profit de nations, de provinces et de propriétaires très différents. Il est en quelque sorte un ouvrier collectif, indivis ; enfin par le charme de ses instincts, de ses attitudes, de son vol, de sa parure, de son chant et de son nid, l'oiseau réjouit l'esprit, touche souvent les cœurs et parfois réveille les énergies sacrées de l'espérance chez le malheureux qui ne possède rien.

Il importe donc, que les nations se concertent pour prendre en commun des mesures protectrices des oiseaux.

A ce sujet quels vœux le congrès doit-il présenter à l'approbation des nations?

Chez les uns, la chasse est un droit réservé à quelques personnes, en compensation des charges de la direction de la société, de services rendus ou à rendre ; chez d'autres comme en France, c'est un attribut de la propriété.

On ne doit donc demander à une nation qu'un réglement de chasse compatible avec l'esprit de sa législation, mais qui peut et doit être basé sur les principes suivants.

§ 1. — Défense de dénicher ; exceptions, mais avec restrictions pour empêcher tout abus :

1· Par rapport à certaines espèces signalées par la science comme étant momentanément nuisibles.

2· En faveur des amateurs des oiseaux de cage, avec impôt spécial et autorisation par une autorité compétente, limitée à des actes de dénichage déterminés et devant s'accomplir sous la surveillance du garde de la localité.

3· En faveur des ornithologistes, avec permission révocable donnée par une autorité compétente, limitée à la personne et à certaines recherches et avec déclaration par l'ornithologiste à l'autorité locale, quand il veut chasser, afin que celle-ci puisse le faire surveiller.

§ 2. — Réglementation de la chasse combinée de telle sorte que la reproduction des oiseaux gibier soit suffisamment abondante.

§ 3. — Défense de chasser les oiseaux autrement qu'avec le fusil de chasse et par conséquent d'établir des tendues.

Exception à la défense de tendre par rapport à certains oiseaux gibier d'eau, mais avec de sages restrictions et un impôt spécial relativement élevé.

Chaque nation déterminera exactement tous les ans, d'après les indications de la science et l'avis des autres nations, les oiseaux qui doivent être compris dans la catégorie des oiseaux nuisibles et de gibier d'eau, objets d'une exception au droit commun de chasse.

Tout droit de chasse ne pourra être exercé que sur le terrain dont on à la propriété ou l'usage, d'après les lois du lieu. Enfin le congrès ne demandera aux nations qu'un traité international du genre de ceux qui sont déjà intervenus pour l'armement en course et pour l'union postale entre les principales nations d'Europe.

Ce traité consacrerait les principes qui viennent d'être exposés et immédiatement chaque nation modifierait d'après ce traité la loi particulière de police de la chasse et de ses pénalités.

§ 2. — ENSEIGNEMENT ÉLÉMENTAIRE D'ORNITHOLOGIE COMME COMPLÉMENT DE CETTE LOI.

Un puissant moyen de favoriser l'application d'une loi de chasse protectrice des oiseaux, c'est d'arriver par l'enseignement à démontrer leur utilité et l'intérêt qu'il y a à les protéger. Un complément naturel d'un traité international de police de chasse serait donc, que chaque nation ajoutât à son enseignement général un enseignement particulier d'ornithologie.

Pour faire efficacement étudier, aimer et protéger l'oiseau, on établirait des cours à tous les degrés de l'enseignement.

Pour faciliter l'enseignement dans les écoles primaires qui, en raison du nombre de leurs élèves, peuvent fournir le plus grand nombre de protecteurs ou de braconniers, il serait bon d'avoir, outre les cours, une bibliothèque, des collections, des registres d'observations. Ces divers moyens d'étude seraient naturellement combinés pour favoriser la diffusion des connaissances élémentaires.

Ces écoles seraient affiliées aux musés et sociétés savantes de la région, ainsi que nous l'avons dit au Congrès de Châlon-sur-Saône. L'enseignement de l'ornithologie dans les écoles primaires m'a semblé avoir pour la protection de l'oiseau une très grande importance et j'ai été ainsi porté à composer mon Étude élémentaire de l'oiseau et un tableau dans lequel sont indiquées la nature et les variétés du travail de ses différentes espèces.

Il est à espérer du reste que tous les ornithologistes s'empresseront de seconder les gouvernements qui entreront dans cette voie.

§ 3. — VŒU A PRÉSENTER AU CONGRÉ.

Si les réflexions que m'a suggérées la question nº 3, sont justes, le congrès émettrait le vœu que les nations créent deux lois protectrices des oiseaux, l'une de chasse, l'autre d'enseignement, et que toutes deux consacrent les principes qui viennent d'être énoncés.

MÉMOIRE RELATIF A LA DEUXIÈME DES QUESTIONS

posées au Congrès ornithologique de Vienne

le 6 avril 1884.

2e Question. — Organisation d'un réseau de stations d'observations ornithologiques embrassant la totalité des régions habitées du Globe.

---

§ 1. FORCES DE LA PRODUCTION, ÉLIMINATIONS VÉGÉTALES ET ANIMALES. RÉPARTITION A LA SURFACE DU GLOBE DES AGENTS DE L'ÉLIMINATION ET PARTICULIÈREMENT DE L'OISEAU.

D'après la 3e question du congrès, les ornithologistes sont appelés à discuter sur l'établissement des stations d'observations, nécessaires pour la détermination de toutes les espèces d'oiseaux et de leurs opérations.

Pour résoudre cette question, il faut d'abord rappeler les faits et les principes qui s'y rattachent. Douze mille espèces d'oiseaux environ ont été réparties sur tous les points du globe ; quelles en sont les raisons ? Pour les indiquer, il est nécessaire de parler d'abord des principes de la production dont l'oiseau est un agent principal.

Telle est la raison des considérations qui suivent.

Le sol se compose 1o des parties saillantes et principales qui servent de contre-forts aux autres comme le squelette dans le corps des animaux, 2° de bancs d'argile qui retiennent des couches d'eau à la surface des terres en modérant les filtrations, 3° de terres qui sont très pénétrables à l'eau et aux racines, et enfin de parties qui sont couvertes d'eau ; mais chacun de leurs éléments, depuis le granit jusqu'à l'alluvion, a une puissance d'expansion, qui lui permet de faire croître certains germes de la plante. L'entière réussite de cette assimilation s'explique par les attractions particulières et parfaitement convergentes du sol et du germe.

Mais quelques espèces seulement de plantes n'auraient pas donné satisfaction à tous les besoins de l'homme et pour cette raison déjà la création devait comprendre une très grande variété de sols et de germes.

D'autre part les influences du climat, c'est-à-dire de la lumière et de l'obscurité, de la chaleur et du froid, de la sécheresse et de l'humidité, modifient très sensiblement la puissance d'expansion du sol et les éléments de vie que contient le germe. De plus le climat est très différent selon les latitudes ; pour cette raison encore les plantes devaient être d'espèces très variées.

Aussi a-t-il été créé 100.000 espèces de plantes, (1) qui peuvent profiter particulièrement et pleinement des influences créatrices des variétés du sol et du climat et elles ont été réparties d'après ce principe à la surface du globe ; comme consé-

(1) Unité dans la Création p. 5 Comte de Villeneuve Flayosc.

quence il arrive qu'une plante transportée loin de son pays d'origine languit ou meurt, si elle ne trouve pas au moins un sol et un climat équivalents à ceux pour lesquels elle était créée.

Ajoutons maintenant et d'après ce que nous avons souvent écrit, que les plantes n'auraient pas atteint leur complet développement sans des éliminations aussi variées que nombreuses.

Ces opérations n'auraient pas été elles-mêmes possibles, si l'éliminateur n'avait pas été rapproché de la plante à éliminer et si le plus souvent il ne s'était pas fixé sur elle.

Aussi les éliminateurs ont été en quelque sorte parqués comme les plantes, mais avec le privilège d'accomplir les déplacements nécessaires à leurs travaux, d'aller lentement comme la limace ou avec la plus grande vitesse comme le martinet, de s'enfouir et de s'endormir dans le sein de la terre pendant les rigueurs de l'hiver comme l'insecte ou d'émigrer dans les pays chauds comme l'oiseau, afin d'éviter en cette saison les chômages et le froid extrême.

Enfin les animaux éliminateurs des plantes ont été aussi soumis à des éliminations aussi variées que nombreuses. A tous les étages de la hiérarchie les espèces les plus faibles ont été surveillées et contenues par les plus fortes et les 191.000 espèces (1) qui constituent l'armée des éliminateurs animaux ont été réparties à la surface du globe d'après les principes qui viennent d'être exposés.

(1) Id. C. de Villeneuve Flayosc.

On constate en effet que chaque animal a reçu une constitution et des instincts admirablement appropriés aux éliminations dont il est chargé dans le milieu où il vit ; il a d'abord la force nécessaire, ensuite un outillage particulier, selon qu'il est insecte, mollusque, crustacé, poisson, amphibien, mammifère ou oiseau.

Tous les animaux sont appelés, en dehors des autres services qu'ils rendent à l'homme, à empêcher la surabondance des végétaux et des animaux et tous accomplissent cette tâche principale et d'après leurs moyens particuliers d'action, aussi fatalement qu'inconsciemment. Il arrive très souvent que la différence d'outillage a pour but de mieux assurer l'élimination ; car un animal qui fuit l'éliminateur le plus ordinaire de son espèce, se laisse surprendre par un ennemi contre lequel il est moins en garde.

C'est ainsi qu'une chenille, qui s'est soustraite au coucou, est dévorée par l'ichneumon dont l'œuf a été deposé sur son dos; les œufs de carpe sont souvent avalés par un canard et plus d'une fois une carpe, qui, pour se garer d'un brochet sortant des profondeurs de l'eau s'élance à la surface, est enlevée par un balbuzard ; une grenouille qui d'un saut échappe à une couleuvre, est happée par un héron.

Aussi les éliminateurs se supplécnt et de là très souvent il résulte que, si des êtres deviennent surabondants, ils n'échappent pas longtemps au contrôle des nombreuses variétés d'éliminateurs.

Il est en effet de principe que les animaux sont répartis de manière à pouvoir soit par eux-mêmes, soit par leurs représentants, assurer toutes éliminations nécessaires. Partout on retrouve les types principaux de leur ordre, souvent même de leur genre. C'est ainsi que parmi les oiseaux d'un pays quelconque nous trouvons des représentants principaux de l'ordre oiseau comme les passereaux, les échassiers, etc., et dans le genre des oiseaux de proie, des rapaces de jour et des rapaces de nuit. Pour des régions très différentes les différences d'oiseaux portent particulièrement sur les espèces et non sur les genres.

On voit par ce court exposé que les forces de l'élimination ont à leur service et mettent en mouvement de nombreux organes, agents atmosphériques, plantes et animaux, et que ceux-ci sont répartis et en quelque sorte parqués dans chaque région du Globe d'après la nature et la variété du sol et du climat.

Ils forment un outillage capable de contenir la production dans les limites les plus profitables aux intérêts de l'homme, un mécanisme aux rouages les plus compliqués, mais fonctionnant parfaitement, une unité indissoluble et telle que par le sol et le climat d'un pays, on peut déjà se faire une idée juste de ses espèces d'oiseaux et réciproquement d'après ces derniers on peut déterminer le sol et surtout le climat où ils ont leur domicile.

§ 2. ÉTUDE COMPARATIVE DES ÉLÉMENTS DE PRODUCTION DE PAYS TRÈS DIFFÉRENTS DE SOL ET DE CLIMAT. LA VALLÉE DE LA MARNE ET LE CONGO.

Les conclusions à tirer de ces variétés par rapport à la protection de l'oiseau sont très importantes et pour cette raison nous avons cru, qu'il convenait de chercher dans une étude comparative les faits qui les rendent évidentes.

Pour termes de comparaison nous prenons la vallée de la Marne et le Congo, types de pays très différents. La côte de Loango entre le Gabon et le Congo explorée pendant 7 ans par M. Petit est située entre le 1er et le 8ème degré au sud de l'Equateur. Elle comprend le littoral de l'Océan depuis le Gabon jusqu'au Congo 680 kilomètres environ, et les terres, qui du littoral s'étendent dans l'intérieur sur une profondeur de 80 kilomètres, soit une surface totale de 54,400 kilomètres carrés.

Landana qui est situé au 5° 12 était le lieu de la résidence de M. Petit.

Dans cette région le jour commence à 5 heures 1[2 du matin et la nuit à 6 heures du soir.

Le sol est surtout composé de sable et d'humus provenant de la décomposition très importante des plantes. Ces terres reposent le plus souvent sur un sol argileux qui retient longtemps à la surface les eaux pluviales. Ces mélanges de terre sont, de loin en loin et particulièrement sur les bords de la mer, reliés entre eux par des bancs de calcaire et de roches.

Il se produit dans ce pays deux périodes de pluie : la première commence vers le 1er novembre et finit au commencement de janvier, la 2e dure du 1er février au 1er mai.

Les pluies, les eaux du Gabon, du Congo, de ses affluents et des lacs à demi salés, fournissent à ces contrées une abondante humidité pendant 6 mois de l'année.

Pendant la saison des pluies (la plus chaude) la chaleur est très élevée, mais elle ne dépasse pas 33 centigrades à l'ombre ; dans les 6 mois de la saison sèche, elle ne descend pas au-dessous de 13° au-dessus de zéro : tels sont les éléments principaux du sol et du climat du Congo. On comprend que dans un pays aussi favorisé sous le rapport de la chaleur et de l'humidité, il y ait des espèces de plantes aussi nombreuses que variées et une végétation luxuriante.

Le maïs semé au commencement de novembre est récolté du 12 au 20 janvier suivant ; immédiatement et dans la même terre on sème encore du maïs, qui se récolte à la fin d'avril. Par cet exemple on peut juger de la puissance de la végétation. N'ayant pas à faire la flore de ce pays, nous ne voulons ajouter que quelques mots ; ses plaines sont souvent aussi difficiles à traverser, que chez nous les bois.

Les graines, les baies et les fruits s'y rencontrent à toutes les époques de l'année et très abondamment pendant la saison des pluies.

On récolte surtout en janvier le maïs, les haricots, les patates etc., et de janvier en juillet les fruits.

Si dans ces pays il n'y avait pas eu d'éliminateurs, cette admirable végétation aurait été frappée de rachétisme ; mais là précisément on trouve les éliminateurs des genres et des espèces les plus variés. Des lianes contiennent les plus grands arbres et des champignons s'accrochent comme des parasites aux plus vivaces d'entre eux.

A toutes les heures de la nuit et du jour, sur la terre et dans les eaux, il se fait une éclosion prodigieuse d'insectes.

Les espèces en sont extrêmement nombreuses ; mais elles ont des modérateurs, qui les empêchent d'opérer des invasions du genre de celles dont nous sommes si souvent victimes en France.

Le nombre des autres animaux de petite taille est également très considérable ; cependant les mollusques sont assez rares.

Leur industrie qui s'accomplit lentement, n'est peut-être pas assez appropriée à toutes les circonstances d'un pareil milieu. Les moustiques sont sans cesse occupés à émoustiller tous les animaux et à les faire sortir de l'indolence que produit souvent le climat.

Il y a une espèce de grosse araignée qui prend dans ses toiles pour s'en repaître des sucriers ou Souis-Manga du genre colibri d'Amérique.

On compte au Congo 30 espèces de reptiles dont un tiers sont venimeux, de dix à quinze espèces de lézards ; parmi les mammifères nous devons signaler 8 espèces de chauves-souris, cinq espèces de singes, le gorille, le chimpanzé, etc. Les plus grands quadrupèdes, comme l'éléphant et le taureau, parcourent les contrées voisines.

Les nègres du Congo ont toujours à surveiller les bêtes féroces qui, comme la panthère, rôdent autour de leurs huttes; cet animal commet ses dépradations surtout au nord de Landana. On rencontre sur les côtes de grandes tortues et, dans les fleuves, le crocodile.

Maintenant dans cette immense armée d'éliminateurs, quel est le rôle assigné aux oiseaux? M. Petit porte à 300 environ les espèces d'oiseaux qu'il a observées au Congo; la plupart sont inconnues dans nos contrées, mais toutes représentent les types des genres auxquels se rattachent les espèces de notre pays, ainsi qu'on va le voir.

N° I. Végétalivores.

Nos alouettes et nos perdrix n'existent pas au Congo, mais elles y sont remplacées par des espèces africaines: trois d'alouettes, deux de cailles, quatre de perdrix et deux de pintades.

On y trouve notre tourterelle, et si elle n'y est pas en compagnie de nos trois espèces de colombiens, elle y a pour congénères 6 espèces d'Afrique.

Dans ce pays nos petits granivores et fructivores sont remplacés par un nombre à peu près égal d'espèces d'oiseaux indigènes de même genre et en plus par quatre espèces de perroquets y compris une perruche, 4 espèces de calaos et huit espèces d'écureuils et 7 de singes.

Ces mammifères essentiellement grimpeurs et qui par l'effet du saut glissent dans les arbres à la façon des oiseaux, se servent de leurs pattes de devant comme de mains pour prendre et retenir les fruits, et de leur large mâchoire pour mordre dans les plus gros.

Ajoutons que pour extraire le suc des fleurs, quatorze espèces de sucriers ou Souis-Manga viennent en aide aux insectes et particulièrement aux papillons.

N° 2. Animalivores

A. Petits oiseaux destructeurs d'insectes et d'autres petits animaux.

Les petits insectivores de ce pays se rapprochent des nôtres par le nombre de leurs espèces.

Naturellement les émoucheurs sont très nombreux au Congo. Il y a 12 espèces de gobe-mouches, 4 espèces de martinets et 11 espèces d'hirondelles, tandis que dans notre vallée il n'y a pour le premier genre que 3 espèces et pour le troisième 4.

B. Éliminateurs d'animaux de moyenne et de grande taille.

Passereaux. — Huit de nos espèces sont sédentaires au Congo, mais tous nos genres y sont représentés par des types indigènes ou africains.

Trois remarques sont à faire à leur sujet et elles s'expliquent du reste par la reproduction très considérable de certains animaux.

Ainsi il y a 10 espèces de guêpiers, tandis qu'une seule se montre de loin en loin dans notre région, 12 espèces de pies-grièches et nous n'en avons que

4 ; 12 de martins-pêcheurs et un seul fréquente nos cours d'eau.

Échassiers. — De nos 57 espèces d'échassiers qui sont sédentaires et surtout de passage, on en trouve au Congo 21 qui sont sédentaires et 3 de passage ; il y a le héron cendré et le héron pourpré, la petite et la grande aigrette, le bihoreau, le garde-bœuf, deux pluviers et l'échasse à manteau noir.

Quelques-unes de ces espèces résident au Congo ; il y a aussi 4 espèces de poules d'eau et un râle de plaine ; il leur est adjoint 10 espèces indigènes dont deux ont leurs similaires en Europe et en France.

Palmipèdes. — Les espèces de ce grand genre ne sont pas en général du nombre de celles qui opèrent dans notre pays ; on ne remarque de nos espèces au Congo que le thalassidrome de Léach, les sternes petits, caujek, pierre-garin, épouvantail et le pélican blanc ; mais nos autres espèces de palmipèdes y sont représentées par des espèces indigènes, savoir : une du stercoraire, deux du cormoran, une du fou du cap, deux du harle, trois du canard.

Oiseaux de proie. — De nos rapaces on ne trouve au Congo que le balbuzard, le milan noir et la bondrée commune ; ces oiseaux y sont sédentaires, mais ils ne forment qu'un appoint des aigles, d'une espèce de vautour (le *Gypohiérax Angolensis*), de 7 espèces de faucons, de 5 de chouettes et d'une de duc.

Tels sont en résumé les renseignements que m'a

fournis l'infatigable et perspicace observateur M. Louis Petit, renseignements qu'il se propose de publier bientôt avec tous les détails qui les complètent.

Non-seulement il a découvert et décrit 8 espèces nouvelles d'oiseaux, puis le gorille (*Gorilla Mayëma*) et de nombreuses espèces de lépidoptères, coléoptères, mollusques et araignées, mais il fournira bientôt à la science des documents inédits sur la plupart des espèces du Congo.

Tirons quant à nous et pour cet exposé quelques conclusions.

Nous avons retrouvé au Congo l'harmonieuse unité des forces de l'élimination avec les représentants des genres principaux de leurs agents, les influences atmosphériques, les plantes envahissantes; et en fait d'animaux : des zoophytes, des insectes, des éliminateurs de taille plus grande, des poissons, des amphibiens, des mammifères et des oiseaux, et dans chaque subdivision de ces grandes classes des éliminateurs dont les espèces sont parfaitement appropriées à tous les éléments de cette région. Si on trouve peu d'espèces de nos pays, elles sont remplacées par les espèces équivalentes au point de vue de l'élimination.

Indépendamment des oiseaux qui y sont sédentaires, il en est d'autres qui ne sont que de passage. Les uns comme l'hirondelle rustique et le martinet viennent du Nord de l'Europe et particulièrement de la France; d'autres seulement du midi de l'Europe et du Nord de l'Afrique ; d'autres encore arrivent du Sud de l'Afrique.

Il reste à faire une dernière observation. La profusion des plantes et des fruits, des insectes et des animaux même pendant la saison sèche, est telle que les oiseaux ont toujours beaucoup à travailler et trouvent aussi une nourriture abondante; et il en résulte qu'un certain nombre d'espèces nichent à des époques très éloignées les unes des autres à la différence de ce qui se passe dans la vallée de la Marne. Un martinet *(Cypselus sharpei)* niche en mai, septembre et mars, une hirondelle *(Hirundo puella)* en mai et mars, un coucou *(cucullus senegalensis)* en juin et janvier.

Le Congo semble donc être favorable à l'établissement d'une station d'observations ornithologiques et la science trouvera profit à s'associer à l'expédition française.

§ 3. — ÉTABLISSEMENT DE STATIONS POUR ÉTUDIER LA RÉPARTITION DES AGENTS DE L'ÉLIMINATION ET PARTICULIÈREMENT DES OISEAUX A LA SURFACE DU GLOBE.

1° Stations locales des vallées, montagnes, bords de la mer, îles.

2° Stations régionales auxquelles se rattachent les stations locales.

3° Concordance des circonscriptions naturelles avec les circonscriptions nationales et administratives.

Il s'en faut de beaucoup que tous les pays du monde soient sous le rapport du sol et surtout du climat aussi différents que le sont la vallée de la

Marne et le Congo ; aussi pour déterminer les différences moins caractéristiques, il faut d'abord circonscrire le lieu dans lequel doivent être faites les recherches.

Ici se pose donc la question de savoir quelles divisions géographiques il faut adopter.

Peut-être ai-je abusé de la patience du Congrès ; aussi je me propose de n'ajouter à mes nouvelles énonciations que de courtes explications.

Une circonscription de terrain pour des études et des recherches d'histoire naturelle doit 1° avoir des limites certaines, immuables et se prêtant ainsi à tout contrôle ; 2° ne pas être trop étendue afin que l'ornithologiste puisse facilement la parcourir en tout temps et très souvent. Il vaut mieux avoir des lacunes qui seront tôt ou tard comblées, que de vagues observations.

Sous ces rapports une circonscription ne laisserait rien à désirer, si on admettait, pour ses limites, celles d'une vallée entière ou partagée en sections, celles d'une chaîne de montagnes tout entière ou pareillement divisée, les bords de la mer correspondant à un bassin, enfin une île.

On comprendrait ensuite dans un même groupe les circonscriptions qui, par des ressemblances du sol et particulièrement du climat, aussi bien que par le voisinage constituent un centre distinct d'agents de la production et de l'élimination.

On ne peut trop le remarquer encore ; le jour où on aurait déterminé sans lacune la répartition des espèces d'oiseaux dans chaque vallée et ses dépendances montagneuses ou maritimes et dans chaque île, on pourrait indiquer sur une carte géographique spéciale les centres et les rayonnements des éliminations de chaque espèce, renseignements qui en ce moment n'ont pas de précision.

Telles sont les divisions que j'ai entrevues et d'après lesquelles j'ai cru devoir ne m'occuper que d'une section, celle de la vallée de la Marne où je réside.

Si ces divisions naturelles obtenaient l'assentiment des autorités compétentes, on aurait en peu de temps et presque sans frais de très précieux documents d'histoire naturelle.

Dans chaque vallée où il réside des naturalistes, on pourrait immédiatement se mettre à l'œuvre.

Les géologues et les agronomes constateraient les qualités productives du sol.

Les météorologistes, le climat.

Les botanistes, les plantes.

Les entomologistes, les insectes.

Les ornithologistes, les oiseaux, et

Les zoologistes, les autres animaux.

On pourrait de la sorte déterminer les rapports d'une ou de plusieurs séries, le complet fonctionnement des forces de la production et de l'élimination d'une localité et enfin savoir ce qu'on a de mieux à faire pour en tirer tout profit.

Telles sont les pensées que la pratique m'a suggérées. Jusqu'alors, je n'ai parlé que de la circonscription naturelle du lieu ; mais il en est de conventionnelles dont il faut tenir le plus grand compte.

Les peuples ont formé des nationalités et leur

action sociale s'est surtout centralisée dans des capitales et des chefs-lieux de provinces. Il est donc logique qu'à ces centres du gouvernement d'administration et particulièrement d'études et d'enseignement vienne aboutir tout ce qui est d'ordre social et particulièrement les recherehes d'histoire naturelle comme celle de l'ornithologie.

Sans aucun doute les sociétés d'histoire naturelle et les ornithologistes en particulier applaudiront aux mesures qui auront pour objet d'exciter leur initiative et de les encourager.

Il s'en suivrait qu'aux institutions nationales, aux capitales et aux chefs-lieux se rattacheraient les stations d'observations établies dans les vallées et les stations régionales et climatériques avec lesquelles elles se groupent; chaque station de vallée aurait son centre d'action au chef-lieu le plus central et chaque station climatérique au chef-lieu le plus important de sa région.

Par rapport à la France on pourrait peut-être procéder ainsi :

Le gouvernement demanderait aux sociétés savantes de constituer une section pour les études d'histoire naturelle et particulièrement pour l'ornithologie ; elles admettraient, non pas à titre de membres titulaires ou correspondants, mais simplement comme *affiliés* à la société, les observateurs qui dans la région se plaisent à faire des observations exactes sur les oiseaux en particulier, par exemple, certains collectionneurs d'oiseaux, des instituteurs.

Le président de la société savante correspondrait avec la station climatérique ; celle-ci serait composée de membres nommés par le gouvernement sur une liste qui serait présentée par les sociétés savantes.

Le président de la section climatérique se mettrait en rapport avec une section d'ornithologie qui serait créée au ministère de l'instruction publique.

§ 4. — TRAVAUX DES STATIONS.

Maintenant que ferait-on dans une station surtout en ce qui concerne les oiseaux ?

Toutes les recherches relatives à l'organisme et aux instincts de l'oiseau et au rôle qu'il remplit dans la nature.

Voici les recherches vers lesquelles j'ai été entraîné ; si j'en parle ce n'est pas pour les proposer comme modèle, mais dans la pensée que quelques-uns de mes collègues pourront mettre à profit mon expérience.

D'abord l'ornithologiste ne doit pas trop se préoccuper des peines, des fatigues et des dangers ; car il goûtera, en compensation, de très grandes joies du cœur et de l'esprit.

Je ne suis jamais sorti sans avoir sur moi un carnet de poche, sur lequel j'ai inscrit mes observations très détaillées ; elles ont été ensuite reportées sur des registres spéciaux.

Au printemps, un compas, un mètre, une petite balance et un diapason pour l'étude des nids, des œufs et du chant.

Souvent il faut être près des oiseaux que l'on a à observer avant leur réveil, quelquefois après leur coucher, c'est-à dire aux heures où les observations sont les plus profitables.

Un thermomètre à minima doit toujours être consulté, au moins chaque matin ; on doit surtout enregistrer la plus base température, car l'extrême froid de la nuit a beaucoup d'influence sur les pontes et les passages.

Je me suis bien trouvé de savoir nager et grimper.

J'ai collectionné tout ce qui peut servir à étudier les oiseaux de la vallée de la Marne et le rôle qu'ils remplissent dans la nature.

Ma collection est ainsi composée : Oiseaux avec variétés caractéristiques de 275 espèces sur 289 qui ont été signalées dans la région ;

La série, sans lacune, des œufs ; de nombreux nids ;

Des types de squelettes ;

Les silhouettes de 200 espèces taillées d'après un même modèle (Celui que j'envoie au Congrès) ;

Des analyses d'oiseaux disséqués, fournissant, pour environ 200 espèces, des milliers de chiffres au moyen desquels on peut se rendre compte du poids, de la forme et des proportions du corps de chaque animal et par cela même de ses aptitudes :

Un grand nombre d'estomacs d'oiseaux avec détermination des plantes, des graines et des animaux qu'ils contiennent.

J'ai ajouté pour les études comparatives, des invertébrés et des vertébrés de notre pays et des animaux et surtout des oiseaux exotiques.

Mes collections ne comprennent donc en grande partie que les oiseaux de la Vallée de la Marne, mais j'ai, en ce qui la concerne, de très riches variétés, surtout celles qui sont le plus caractéristiques.

Tels sont les éléments d'étude que j'ai réunis et dont je me suis servi pour composer mes ouvrages.

Les deux tableaux que je soumets à l'examen du Congrès donnent la mesure de ce que j'ai tenté.

Maintenant supposons que dans chaque station de vallée, il soit fait un travail de ce genre, le second congrès pourrait déjà résoudre beaucoup de questions.

Il importe, que dès maintenant on fasse sur les pontes les recherches qu'elles comportent; on saurait dès cette année quels sont les oiseaux sédentaires de chaque localité.

Si la santé me l'avait permis, j'aurais essayé de faire pour la France ce que j'ai fait pour la Vallée de la Marne ; j'ai en effet réuni pour cela tous les premiers matériaux et voici comment.

J'ai envoyé à chacun de mes correspondants de France un exemplaire de mon groupement d'oiseaux en lui disant : mettez dans la colonne laissée en blanc devant chaque nom de votre espèce la 1ère lettre de votre vallée, cela indiquera qu'elle possède cette espèce ; barrez les noms des espèces qui lui manquent et je serai ainsi fixé sur ce point. Ajoutez dans les rangs les genres, les espèces qui lui sont particulières, faites toutes les modifications complémentaires. De cette façon j'ai déjà réuni les états ornithologiques d'un certain nombre de vallées ; de plus je me suis procuré les catalogues d'oiseaux qui ont été publiés pour la France, je m'en suis aidé pour ajouter des détails complémentaires à ceux que je possédais déjà.

J'ai aussi recueilli les premiers matériaux nécessaires pour dresser une carte ornithologique de France. Si les maladies n'étaient pas venues m'arrêter, j'aurais entrepris de compléter ce travail et voici comment j'aurais procédé. La carte orohydrographique dressée par le ministère de la guerre, fournit les indications qui concernent les cours d'eau, les plaines, les montagnes et les productions végétales dominantes. Je l'aurais divisée par vallées et à chaque division j'aurais ajouté un tableau du genre de celui que j'ai composé pour la Vallée de la Marne ; je me serais en même temps adressé à des spécialistes, afin d'avoir pour chaque vallée des tableaux de même genre mais concernant le sol, le climat, les plantes, les animaux autres que les oiseaux.

De cette façon j'aurais eu, dans les cadres d'une carte et de tableaux complémentaires très saisissables à l'œil et à l'esprit, le résumé d'une encyclopédie d'histoire naturelle.

Ce travail me semblait convenir surtout à la vulgarisatiou de la science.

Je ne doute pas que les naturalistes ne puissent facilement l'exécuter pour toutes les nations en s'appuyant sur les mêmes principes.

§. 5 — VŒUX A PRÉSENTER AU CONGRÈS ET AUX NATIONS.

En faisant un si long exposé, j'ai eu pour but d'expliquer les vœux que je soumets au Congrès et que je formule ainsi.

Etablissement immédiat, c'est-à-dire avant les pontes, de stations d'observations ornithologiques :

Stations correspondant aux vallées principales, aux régions montagneuses, aux côtes de la mer, aux îles ;

Stations régionales basées sur les différences du sol et surtout du climat.

Carte relative à la centralisation et au rayonnement des éliminations de chaque espèce.

Uniformité du genre de travail et d'après les mêmes formules.

Appel aux naturalistes pour travaux analogues en ce qui concerne tous les agents de la production et particulièrement ceux de l'élimination.

Appel à tous ceux qui veulent faire connaître, aimer et protéger l'oiseau.

MÉMOIRE RELATIF A L'ENSEIGNEMENT ORNITHOLOGIQUE

dans les Écoles Primaires

---

§ 1. — SUPÉRIORITÉ DE L'OISEAU

Des hauteurs de la science on essaie parfois de soulever le voile qui tempère les éclats de la vérité absolue, au risque d'être ébloui et frappé de vertige.

Telle a été l'histoire d'Œdipe, quand en présence du sphinx il voulut sonder les mystères du cœur maternel, de la force animale et de la rapidité du vol, qui se symbolisaient dans cet être fabuleux par la tête et le sein de la femme, le corps du lion et les ailes de l'aigle.

Mais depuis dix-huit siècles les secrets insondables de la puissance et de la bonté infinies nous ont été révélés et, grâce à la lumière divine et à la science humaine, notre intelligence a compris les éloquents enseignements qui se dégagent de la nature, et l'oiseau, qui par son incorporation dans le sphinx était regardé comme une énigme, nous est apparu comme une des manifestations les plus saisissantes et les plus instructives.

Abaissons nos regards sur les innombrables et admirables plantes dont le sol est couvert sur la terre et sur les eaux.

Il y en a des milliers d'espèces.

Or, s'est-on souvent demandé au prix de quel

travail elles ont été livrées à l'usage et à la consommation des êtres ?

Pour la conservation et le développement des espèces, pour leur rajeunissement par la reproduction, il a fallu mettre en mouvement des forces incalculables, des agents d'un organisme merveilleux, c'est-à-dire un des mécanismes terrestres les plus compliqués.

A notre esprit attentif se révèlent la force qui donne la vie aux plantes, celle de la production proprement dite, et une autre force régulatrice qui par ses éliminations assure leur complet développement.

Et ces phénomènes de la vie végétale se manifestent également pour la reproduction animale.

Or, parmi les agents de destruction il devait s'en trouver un qui pût s'élancer presque avec la rapidité de la pensée partout où il devenait opportun de régulariser une élimination, cet être extraordinaire symbolisé dans le sphinx par les ailes de l'aigle, il existe : c'est l'oiseau.

Le grand régulateur des éliminations végétales et animales, c'est lui, et son admirable organisme nous révèle sa mission providentielle.

Il l'annonce à tous par ses actes : il la proclame à ceux qui voient, en perchant et en volant ; en chantant, à ceux qui entendent.

Comme le drapeau sur sa hampe, la cloche sur sa tour, il frappe tous les esprits.

Les ailes surtout caractérisent son originale puissance.

En effet, l'oiseau se meut, pénètre et évolue

dans l'espace, aussi bien que sur le sol, avec une vitesse que n'atteint aucun être de la création; avec une rapidité aussi surprenante, il découvre, saisit, avale, digère et décompose tout ce qu'il est chargé d'éliminer : il apparaît donc dans l'ordre animal, comme le moteur à vapeur dans les industries humaines.

Pour une tâche si exceptionnelle il fallait un corps composé de fibres aussi nombreuses qu'énergiques et souples ; telles sont les qualités de la chair qu'elles forment. Il leur a de plus été donné d'être savoureuses. Aussi tous les hommes facilement entraînés par les convoitises de l'estomac n'ont d'abord vu dans l'oiseau qu'une substance alimentaire ; mais dans ces derniers temps les mystères du sphinx se sont éclaircis. La lumière s'est faite.

Ainsi qu'on l'a reconnu et proclamé, l'oiseau est avant tout un des plus utiles régulateurs des productions végétales et animales, un être dont l'organisme est spécialement et merveilleusement approprié à cette tâche et dont les chairs sont incomparablement plus précieuses comme fibres et comme muscles que comme nourriture, un animal dont l'étude met en relief des vérités que l'homme a le plus grand intérêt à connaître.

On s'explique que sous l'empire des fausses appréciations de l'antiquité, Lucullus, au IIe siècle avant Jésus-Christ, n'ait apprécié de l'oiseau que la chair, qu'au VIe siècle l'empereur Justinien ait eu à inscrire dans ses codes cet adage du droit romain : « *Avis est res nullius, cedit primo occupanti,* » l'oiseau n'est la chose de personne, il appartient au premier occupant.

D'après le législateur français on ne peut, il est vrai, tuer l'oiseau que sur la terre dont on a la propriété ou la jouissance.

Mais en cela notre législation donne-t-elle le dernier mot de la vérité et de l'intérêt social ? D'après ce court exposé nous devons répondre : non.

Seul parmi les régulateurs des éliminations, il est capable par la rapidité de ses déplacements de se porter partout où son intervention paraît nécessaire. Même pendant la période de l'été, c'est-à-dire quand il est cantonné, un oiseau ne travaille presque jamais pour le même maître ; pendant ses migrations annuelles il exerce ses industries sur de vastes étendues et pour de nombreux propriétaires. De plus, la richesse qu'il contribue à créer profite à tous, aux consommateurs aussi bien qu'aux producteurs. Il ne peut donc être assimilé aux produits du sol, comme la noisette, le melon et l'oiseau domestique.

En réalité, il est *res omnium* au lieu d'être *res nullius,* c'est-à-dire la chose de tout le monde ; il est coopérateur de tous les jardiniers, cultivateurs, forestiers, d'autant plus précieux que dans sa spécialité il ne peut être remplacé et que, malgré le renchérissement de toutes choses, son salaire ne coûte presque rien ; c'est un ouvrier en quelque sorte indivis, et il est de l'intérêt collectif de tout le monde de le protéger. On comprend donc que certains oiseaux aient été traités comme une chose sacrée, *res sacra,* comme un agent providentiel, le vautour Pampa par les Mexicains, le vautour Percnoptère par les Turcs, l'Ibis par les Egyptiens, et que la chasse aux oiseaux ne soit jamais permise chez les Chinois dont l'agriculture a toujours été si prospère. Nous aimons aussi à constater que nos ancêtres ont toujours eu une grande vénération pour la cigogne et les hirondelles.

§ 2. — IMPORTANCE ET MODE D'ENSEIGNEMENT.

Deux conclusions sont à tirer de l'exposé qui précède :

1° Il faut empêcher efficacement la destruction des oiseaux, et par conséquent défendre la chasse à la tendue dont les abus sont trop connus ;

2° Il est nécessaire d'employer tous les moyens qui favorisent leur multiplication. Le plus important est d'introduire dans l'enseignement public des notions scientifiques et pratiques, faciles à comprendre sur l'utilité des oiseaux.

Pour cela il faut :

1° Une bibliothèque,
2° Un cours,
3° Des collections,
4° Des registres d'observations,
5° Des promenades ornithologiques,
6° Une affiliation au musée le plus proche,
7° Une réunion régionale annuelle ou bisannuelle.

La Bibliothèque comprendra quelques livres pour lectures et pour recherches, surtout un catalogue des oiseaux de la région et même de la France.

Un cours élémentaire d'ornithologie sera fait ou remplacé par des entretiens dirigés par un maître.

Les collections viennent très efficacement en aide à celui qui étudie les oiseaux ; mais on ne crée et on ne conserve ces collections qu'avec beaucoup de temps, de peines et d'argent. On doit donc pour les écoles les réduire au strict nécessaire. Le plus souvent il faudra se contenter des types principaux, par l'étude desquels on se fait une idée des variétés, par exemple du corbeau corneille comme type de genre par rapport aux espèces du grand corbeau et du choucas. Les types consisteront en images que les élèves dessineront, s'ils veulent en conserver plus exactement le souvenir, en quelques oiseaux naturalisés ou le plus souvent mis en peau, en quelques squelettes et en silhouettes. Les œufs et les nids sont utiles surtout pour arriver à la solution des questions scientifiques ; mais il serait à craindre que par pure curiosité on ne les détruisît.

Des promenades variées, des visites aux oiseaux en cage sont encore d'agréables et d'excellents moyens de favoriser l'étude, puisque de cette façon on voit les oiseaux en action.

De l'histoire des oiseaux comme de l'histoire des hommes il se dégage de grands enseignements ; les uns sont généraux, les autres particuliers à chaque localité. Pour contrôler ces derniers ou pour les découvrir, l'école constituerait une espèce d'observatoire, et les observations dirigées par le maître seraient exactement enregistrées au jour le jour sur au moins cinq cahiers particuliers :

L'un pour les états de température ;

Le deuxième pour les époques des pontes des oiseaux sédentaires ;

Le troisième pour les départs, passages et arrivées des autres oiseaux ;

Le quatrième pour les proportions et le poids des oiseaux ;

Le cinquième sur la nourriture.

Ce dernier registre devra être tenu avec beaucoup de soin et rendra les plus grands services. Un moyen de constater la spécialité des éliminations opérées par un oiseau est de collectionner les substances contenues dans son estomac, quand par suite d'une circonstance quelconque on se le procure.

Si l'école est affiliée au musée voisin, elle trouvera par le conservateur du musée ou par son intermédiaire les déterminations dont elle aura besoin en cette circonstance comme dans beaucoup d'autres.

Dans une assemblée annuelle ou bisannuelle, cantonale ou régionale de délégués des écoles, les intérêts qui se rattachent à cet ordre de choses seront traités sous la direction de personnes compétentes.

Tels sont les moyens que l'on peut employer pour tirer tout profit d'une étude élémentaire de l'oiseau ; mais on ne doit pas se dissimuler que dans les écoles primaires, maîtres et élèves sont déjà surchargés de travail.

Il est vrai que quelques heures sont réservées pour des cours facultatifs, et on remarque que les instituteurs d'après leurs aptitudes particulières enseignent avec succès l'un la musique, l'autre le dessin, un troisième l'agriculture.

Il peut donc se faire que ce programme complet d'enseignement ornithologique réponde aux aspirations de quelques instituteurs.

Dans tous les cas, on doit demander à tous de l'appliquer partiellement selon les circonstances et de telle sorte que l'élève comprenne combien il importe de protéger l'oiseau.

APPENDICE

Ont été envoyés deux grands tableaux au Congrès de Vienne comme appendice des deux mémoires fournis par M. Lescuyer.

Dans le 1er sont groupés au point de vue de l'élimination les oiseaux sauvages de la Vallée de la Marne.

A chaque nom d'oiseau se rattachent des explications au moyen desquelles on peut comprendre l'utilité et la nature du travail de chaque espèce, l'époque, le lieu où il s'accomplit, sa durée et sa puissance.

Ce tableau est en double exemplaire dont l'un des deux est illustré. Ses proportions sont de 2m30 haut. et 0m 75 larg.

Le second tableau qui a 3m30 haut. et 0m75 larg. indique comment sont réparties nos espèces à toutes les époques de l'année, le premier et le dernier jour et les périodes des stations, des passages et des pontes. Ces tableaux ont été soumis à l'examen du Conseil général de la Hte-Marne le 21 Août 1884.

En ce moment 24 Octobre on lit ce qui suit dans quelques journaux du département.

SÉANCE DU 23 AOUT 1884.

Conseil Général de la Haute-Marne.

M. Rozet lit un rapport concernant deux tableaux d'histoire naturelle soumis à l'appréciation du Conseil général par M. Lescuyer de St-Dizier.

Le premier de ces tableaux est relatif à l'utilité de chaque espèce d'oiseau de la vallée de la Marne et au degré de protection qui leur est dû ; le second indique la répartition de toutes les espèces et les services qu'ils rendent aux différentes époques de l'année.

Le Conseil général sur la proposition de la 4e Commission, remercie M. Lescuyer de ses intéressantes communications.

PIÈCES JUSTIFICATIVES

Lettre écrite par M. Dr G. de Hayek.

Président de la Société Ornithologique

Vienne, 23 *Janvier* 1884.

Monsieur,

Le Ministère Impérial et Royal de la Maison Impériale et des Affaires étrangères, a sans doute donné connaissance à votre Gouvernement du Congrès ornithologique international devant s'ouvrir à Vienne, le 16 avril 1884. Votre nom et vos travaux, Monsieur, tiennent une place si éminente dans le monde scientifique que ce congrès resterait incomplet sans votre présence et votre coopération.

Veuillez donc l'honorer de votre présence et représenter éventuellement à votre Gouvernement, qu'en déléguant au Congrès une autorité scientifique telle que la vôtre, il rendra un service estimable à la Science comme au bien-être général.

En cas que vous donniez suite à notre invitation, veuillez nous indiquer, Monsieur, celui des trois points du programme à la discussion duquel vous comptez participer de préférence ou nous indiquer le titre d'un mémoire que vous avez l'intention de communiquer au Congrès.

Pour le Comité organisateur du premier Congrès ornithologique international à Vienne.

Le Président,

Dr Gustave de HAYEK.

Le premier Congrès ornithologique international sera ouvert à Vienne, le 16 avril 1884.

Son Altesse Impériale et Royale le Prince héritier Monseigneur l'Archiduc Rodolphe qui a daigné accepter le protectorat du Congrès, en inaugurera personnellement les travaux qui, comme l'on espère seront utiles à la Science comme au bien-être général.

La discussion portera sur les objets suivants :

1° Projet d'une loi internationale protectrice des oiteaux ;

2° Origine du Poulet domestique et mesures à prendre en faveur de l'élève des volailles domestiques en général;

3° Organisation d'un réseau de stations d'observations ornithologiques embrassant la totalité des régions habitées par le Globe.

Lettre de M. Dr de Hayek à M. Lescuyer.

Vienne, 26 *Février* 1884.

Monsieur,

Bien des remercîments pour votre aimable lettre du 27 janvier. Nous regrettons beaucoup votre absence. Nous serions très reconnaissants si vous nous envoyiez les ouvrages précieux pour le Congrès. Si des devoirs de charge vous empêchaient de venir, et si vous le permettiez, nous prierions votre ministère par notre gouvernement, de vous permettre de vous absenter ou bien de vous envoyer comme délégué.

Agréez, Monsieur, l'assurance de ma considération la plus distinguée.

Dr Gustave de HAYEK.

Lettre écrite par M. Lescuyer à M. Dr de Hayek.

St-Dizier Hte-Marne 23 *avril* 1884.

Monsieur,

J'avais cru répondre dans la mesure de mon pouvoir à votre gracieuse demande en vous envoyant les deux caisses que je reçois en ce moment sans avis. Je serai très flatté de recevoir quelques explications.

Veuillez Monsieur agréer le témoignage de ma déférence.

Lettre écrite par M. Dr de Hayek à M. Lescuyer.

Vienne 28 *mai* 1884.

Monsieur,

Je n'ai reçu ni des tableaux ni autres choses de vous et je suis tout à fait étonné de votre lettre où vous m'avisez du renvoi des deux caisses. J'ai fait ensuite toutes les recherches possibles pour venir au fond des choses, et je vous prie de rechercher aussi, si possible, qui vous a renvoyé les deux caisses.

Agréez, Monsieur, l'assurance de ma plus sincère considération.

Dr GUSTAVE DE HAYEK.

D'après M. le Chef de Gare de St-Dizier, les caisses de M. Lescuyer, contenant les manuscrits parties de St-Dizier le 7 avril, sont arrivées à Vienne le 8, elles ont été réexpédiées de Vienne et ne sont revenues à St-Dizier que le 18 avril. Le Congrès a commencé ses séances le 6 au lieu du 16 et les a terminées le 13.

Ces caisses de M. Lescuyer sont donc arrivées à Vienne 5 jours avant la clôture du Congrès.

Extrait d'une lettre écrite par M. Geoffroy-St-Hilaire, Secrétaire général de la Société d'acclimatation à M. Lescuyer :

Bois de Boulogne 29 Février 1884.

Monsieur et cher Confrère,

Par une dépêche, en date du 30 janvier, M. le ministre de l'Instruction publique a informé la Société, qu'il serait tenu, à Vienne (Autriche), le 16 avril prochain, un Congrès ornithologique, dans le but d'étudier les questions suivantes (questions ci-dessus mentionnées).

J'ai pensé, Monsieur et cher Confrère, que je devais attirer, à l'avance, votre attention sur l'ordre du jour de la séance, car il importe que chacun puisse apporter ses observations étudiées sur les questions posées.

Veuillez agréer, Monsieur et cher Confrère, l'assurance de mes sentiments les plus distingués.

Extrait d'une lettre écrite par M. Geoffroy St-Hilaire à M. Lescuyer.

Bois de Boulogne 14 mars 1884.

Monsieur,

Les notes que vous voulez bien préparer pour le Congrès ornithologique de Vienne auront certainement un grand intérêt; car personne ne s'est occupé avec plus de succès que vous des questions relatives aux migrations des oiseaux. Faites en sorte qu'elles arrivent pour le 28 Mars.

Extrait de deux lettres écrites par M. Geoffroy St-Hilaire à M. Lescuyer.

le 10 *mai* 1884.

Monsieur,

J'ai reçu le mémoire que vous avez bien voulu m'adresser sur l'organisation de sections d'observations ornithologiques et contenant des notes importantes sur cette matière.

Dans une lettre postérieure, datée du 28 Juin 1884 M. Geoffroy écrit à M. Lescuyer qu'il a remis les mémoires à la Société nationale d'Acclimatation.

Extrait d'une lettre écrite par M. Jules Gérard, secrétaire de la Société d'Acclimatation à M. Lescuyer le 27 août 1884.

Monsieur,

Je vous confirme ma lettre en date du 31 juillet dernier.

Nous ne possédons pas dans nos archives le mémoire que vous me réclamez.

Lettre écrite par M. Geoffroy St-Hilaire à M. Lescuyer.

Bois de Boulogne 13 *septembre* 1884.

Monsieur,

Rentré à Paris ce matin, je lis votre lettre en date du 6 courant.

Je crois pouvoir affirmer que le mémoire que vous m'aviez confié a été remis par moi à M. Gérard, agent général de la Société d'Acclimation. M. Gérard affirme ne pouvoir retrouver ce document.

J'ai fait des recherches réitérées pour le retrouver chez moi, mais en vain.

Je ne puis vous dire assez combien je suis désolé que le travail que j'ai eu dans mes mains soit disparu. Je le retrouverai bien sûr, mais quand ?

Agréez, Monsieur, l'assurance de mes sentiments très distingués.

Extrait d'une lettre écrite à M. Lescuyer par M. Armand David,

membre correspondant du muséum d'histoire naturelle de Paris et auteur de différents ouvrages sur les plantes, les animaux et particulièrement les oiseaux de la Chine.

16 *Mars* 1884.

Très cher et très estimé Monsieur, je vous renvoie sans perte de temps votre écrit que je me suis empressé de lire avec le plus grand intérêt. Tout ce que vous dites est marqué au point de l'observation la plus exacte et du naturaliste le plus dévoué. Je ne doute donc pas que les membres du Congrès ne lisent vos observations avec le plus sympatique empressement.

Il n'a été fait aucun changement aux deux premiers mémoires depuis leur envoi à Vienne c'est-à-dire depuis le 7 avril 1884.

Imp. du Fort-Carré, St-Dizier (Hte-Marne). 2.890-4

ERRATA

PAGE	LIGNE	RECTIFICATION	AU LIEU DE
3	11	3e	2e
7	27	fonctionné	fonctionnés
7	28	pour la science	l'ornithologie
9	9	Duening	Ducing
11	5	publiée	public
16	3	congrès	congré
16	5	no 1	no 3
17	1	Troisième	Deuxième
17	4	3e	2e
27	1	une	un
31	24	il est le coopérateur	il est coopérateur
51	11	coin	point

OUVRAGES PUBLIÉS PAR M. F. LESCUYER

1. **Introduction à l'Étude des Oiseaux** (1878).
2. **Classification des Oiseaux de la Vallée de la Marne** (1880).
3. **Les Oiseaux dans les Harmonies de la Nature** (2e édit. 1878).
4. **Architecture des Nids. Dénichage, Oiseaux sédentaires** (2e édition 1878).
5. **Oiseaux de passages et Tendues** (2e édition).
6. **De l'Oiseau au point de vue de l'Acclimatation.**
7. **Langage et Chant des Oiseaux** (1878).
8. **Considération sur la Forme et la Coloration des Oiseaux.**
9. **La Héronnière d'Ecury et le Héron gris.**
10. **Des Oiseaux de la Vallée de la Marne pendant l'hiver 1879-80.**
11. **Utilité de l'Oiseau.**
12. **Mélanges d'Ornithologie.**

Editeurs de ces ouvrages, à Paris : MM. Baillière et fils, rue Hautefeuille, 19, et Victor Palmé, rue des Saints-Pères, 76 ; à Saint-Dizier Firmin Marchand, rue du Marché.

Nombreuses approbations de savants zoologistes et de prélats éminents.

Seize Médailles d'Argent, de Vermeil et d'Or.

---

13 — RECHERCHES SUR LE DIMANCHE (1878)

Henri Briquet, éditeur à Saint-Dizier (Hte-Marne).

Imp. du Fort-Carré, St-Dizier (Hte-Marne).

www.ingramcontent.com/pod-product-compliance
Lightning Source LLC
LaVergne TN
LVHW011959160826
845678LV00002B/630

* 9 7 8 2 3 2 9 6 7 3 3 9 4 *